Dr. Gabriele Lehari

Katz und Hund – na und?

Wie beide in Harmonie unter
einem Dach leben können

CADMOS
HUNDEBÜCHER

Inhalt

Impressum

Copyright © 2004 by
Cadmos Verlag GmbH, Brunsbek
Gestaltung und Satz: Ravenstein, Verden
Fotos: Dr. Gabriele Lehari
Druck: Westermann Druck, Zwickau

Alle Rechte vorbehalten.
Abdrucke oder Speicherung in
elektronischen Medien nur nach
vorheriger schriftlicher Genehmigung
durch den Verlag.
Printed in Germany.

ISBN 3-86127-665-8

*Solche Harmonie von Hund und Katze wünscht
sich jeder Tierhalter.*

Einführung

Wer kennt nicht den Spruch: „Die sind ja wie Hund und Katze!", womit gemeint ist, dass sich zwei Personen überhaupt nicht verstehen. Wer allerdings wie ich jahrelang mit Hunden und Katzen zusammengelebt hat, wird festgestellt haben, dass diese beiden Tierarten durchaus eine enge Beziehung und sogar Freundschaft aufbauen können, wobei es sogar individuelle Unterschiede beim Grad der Sympathie zwischen den Tieren gibt.

Die Vorfahren unserer domestizierten Hunde und Katzen gehören zwar beide zur Gruppe der Beutegreifer. Die Beutetiere werden allerdings mit unterschiedlichen Strategien und Jagdmethoden erlegt und auch das Sozialgefüge innerhalb der Arten ist recht unterschiedlich. Wölfe, die Vorfahren des Haushundes, sind Rudeltiere, die nur im Gruppenverband in der Lage sind, größere Beutetiere zu erlegen. Im Rudel herrscht eine bestimmte Sozialstruktur, welche die Stellung des einzelnen Tieres in der Hierarchie festlegt, dadurch können unnötige Kämpfe und Streitereien um Dominanz und Rangordnung vermieden werden.

Die meisten Katzenarten jagen dagegen allein, wobei das unbemerkte Anschleichen und das Überraschungsmoment maßgeblich zum Jagderfolg beitragen.

Katzen sind in der Regel Einzelgänger und finden sich nur zur Fortpflanzung zusammen. Allerdings können Hauskatzen durchaus gesellig mit Artgenossen zusammenleben, wenn sie auch nicht ein so komplexes Sozialsystem aufbauen wie im Rudel lebende Hunde.

Aber nicht nur Sozialstruktur und Jagdweise unterscheiden und prägen das Verhalten von Hunden und Katzen, sondern auch der unterschiedliche Grad der Domestikation. Hunde sind die ältesten vom Menschen domestizierten Tiere. Schon vor etwa 15.000 Jahren (wobei sich die Wissenschaftler nicht genau auf ein paar Tausend Jahre hin oder her festlegen) schloss sich der Hund dem Menschen an. Durch das enge Zusammenleben konnte der Hund über die Jahrtausende sehr viel über den Menschen lernen und weiß wie kaum ein anderes Tier, Körpersprache und Ausdrucksweise des Menschen zu verstehen. Damit lässt sich auch erklären, dass Hunde oft und gerne Augenkontakt zu uns suchen, um möglichst genau verstehen zu können, was ihre zweibeinigen Rudelführer

von ihnen verlangen, aber auch, um ihren eigenen Wünschen und Bedürfnissen Nachdruck zu verleihen. Im Laufe der Evolution hat sich die Fähigkeit, mit dem Menschen zu kommunizieren, im Erbgut des Hundes verankert. Daher übertreffen Hunde andere Arten, die im Allgemeinen mit als die intelligentesten Tiere gelten, wie zum Beispiel Schimpansen, in ihren geistigen Fähigkeiten, wenn es um Aufgaben geht, bei denen Menschen beteiligt sind. Sie können nämlich die kleinsten Signale in Körpersprache oder Mimik des anwesenden Menschen richtig deuten und dadurch gestellte Aufgaben besser lösen.

Die normalerweise als Einzelgänger lebenden Katzen besitzen eine wesentlich weniger ausgeprägte Körpersprache als Hunde, da sich ihre sozialen Kontakte in der Regel auf gelegentliche Begegnungen mit Artgenossen beschränken. Daher sind sie vielleicht auch nicht in der Lage, die verschiedenen Ausdrucksmittel anderer Tiere so genau zu erkennen und zu verstehen, wie es ein Hund kann.

Katzen leben zwar auch schon seit Jahrtausenden in der Nähe des Menschen, vor allem um deren Vorräte von Schädlingen frei zu halten, waren aber nie bereit – wie es ihrer Natur entspricht –, eine enge Sozialbindung zum Menschen einzugehen. Daher haben sie sich bis heute die typische Eigenständigkeit bewahrt und bleiben in mancher Beziehung für uns Menschen unergründlich. Dennoch haben sie sich zu liebenswerten und anhänglichen Haustieren entwickelt und in der Beliebtheitsskala den Hunden längst den Rang abgelaufen. Ein Grund dafür ist wohl die eigenständige Lebensweise, da Katzen weni-

Der Mensch muss die Bedürfnisse von beiden Tieren kennen.

ger auf den Sozialpartner Mensch angewiesen sind als Hunde, die am liebsten immer mit ihren Menschen zusammen sind, sei es zum gemeinsamen Ruhen, Spielen oder Spazierengehen.

Dennoch gibt es viele Menschen, die Hunde und Katzen – so unterschiedlich sie auch sein mögen – gemeinsam halten möchten. Daher sind hier die wichtigsten Fakten zusammengetragen, die man dabei beachten sollte. Der Mensch muss nicht nur für das leibliche Wohlergehen der Tiere sorgen, sondern sollte auch über deren Verhaltensweisen und Ausdrucksmöglichkeiten Bescheid

wissen, um bei der Zusammenführung der Tiere eventuell auftretende Probleme lösen zu können oder besser gleich im Vorfeld zu vermeiden.

Pflege, Ernährung und Gesundheit

Jedem sein eigenes Futter

Hund und Katze haben gewisse Grundbedürfnisse, über die sich der Tierhalter im Vorfeld informieren muss. Bevor die Tiere ins Haus kommen, müssen außerdem die wichtigsten Ausstattungsgegenstände bereitstehen (siehe Kasten). Für Hunde sollte unbedingt zusätzlich eine Tierhalter-Haftpflichtversicherung abgeschlossen werden. Außerdem sind Hunde steuerpflichtig und müssen bei der Gemeinde angemeldet werden. Der Tierhalter muss bereit und in der Lage sein, diese Ausgaben sowie die Kosten für regelmäßig erforderliche Impfungen und Entwurmungen und natürlich für das Futter aufzubringen. Mögliche zusätzliche Tierarztkosten oder Aufwendungen für eine Betreuung im Urlaub oder im Krankheitsfall sollten ebenfalls einkalkuliert werden.

Häufig lässt sich beobachten, dass Hunde besonders gerne Katzenfutter fressen und Katzen auch schon mal am Hundenapf naschen. Obwohl Hunde und Katzen Beutegreifer sind und somit zu den so genannten Fleischfressern zählen, haben sie jedoch unterschiedliche Nahrungsbedürfnisse und daher ist besonders darauf zu achten, dass sie das jeweils speziell auf ihre Bedürfnisse abgestimmte Futter bekommen. Am besten greift man auf die im Fachhandel erhältliche Fertignahrung zurück, da es für den Laien sehr schwer ist, beim Selbstzubereiten von Hunde- und Katzenfutter die richtige Zusammensetzung zu erreichen.

Beutegreifer ernähren sich nicht ausschließlich von Fleisch, sondern in der Regel sind die erlegten Tiere Pflanzenfresser, die mitsamt ihrem Mageninhalt verzehrt werden. Auch nehmen Wölfe ebenso wie unsere Hunde gelegentlich pflanzliche Nahrung wie Gräser, Beeren oder auch Wurzeln auf. Grundsätzlich lässt

Erforderliche Grundausstattung

Hund	Katze
Futternapf	Futternapf
Wasserschüssel	Wasserschüssel
Schlafkorb	Schlafkorb
Halsband und Leine	Katzentoilette und Katzenstreu
Kauknochen	Kratzbaum
Spielzeug	Spielzeug
Utensilien für die Fellpflege	Utensilien für die Fellpflege
Nagelzange	Nagelzange

sich daher sagen, dass die Nahrung des Hundes zu einem Drittel aus pflanzlichen und zwei Dritteln aus tierischen Produkten bestehen sollte. Katzen haben dagegen einen etwas höheren Eiweißbedarf und auch die Bedürfnisse in Bezug auf Vitamine und Mineralstoffe unterscheiden sich von denen des Hundes. So können Katzen beispielsweise die Aminosäure Taurin, Vitamin A und Niacin nicht wie viele andere Tiere im Körper synthetisieren und müssen diese Stoffe mit der Nahrung aufnehmen. Somit würde es zu fatalen Mangelerscheinungen kommen, wenn eine Katze ausschließlich mit Hundefutter ernährt würde. Umgekehrt wäre Katzenfutter für einen Hund viel zu gehaltvoll (und auch wesentlich teurer).

Auch bei der Fütterungsweise sollte man die unterschiedlichen Charaktere von Hund und Katze berücksichtigen. Hunde als Rudeltiere schlingen meistens ihr Futter in kurzer Zeit hinunter, um möglichst viel von der zu teilenden Beute zu bekommen. Auch wenn unsere Haushunde nicht mehr um ihren Anteil kämpfen müssen, haben viele diese Verhaltensweise beibehalten.

Der ursprüngliche Einzelgänger Katze dagegen liebt es, seine Ration über den Tag verteilt häppchenweise aufzunehmen. Ideal ist es da, wenn man eine Schüssel mit Trockenfutter bereitstellt, die jederzeit zugänglich ist und bei dem nicht wie bei Dosenfutter die Gefahr besteht, dass das Futter verdirbt oder antrocknet und dann nicht mehr gefressen wird. Aller-

Der Hund muss lernen, dass Katzenfutter tabu ist.

dings sollte in einer häuslichen Gemeinschaft mit einem Hund diese Futterschüssel so positioniert sein, dass die Katze jederzeit Zugang hat, der Hund jedoch nicht, es sei denn, er hat zuverlässig gelernt, dass das Katzenfutter für ihn tabu ist. Die Gefahr, dass er in einem unbeobachteten Moment diesem Extrahappen nicht widerstehen kann, ist jedoch relativ groß.

Sowohl für Hunde als auch Katzen ist frisches Wasser das einzige Getränk. Es muss jederzeit für beide frei zugänglich zur Verfügung stehen. Nicht nur für Hunde, sondern auch für Katzen ist Milch kein Ersatz für Wasser, sondern ein Nahrungsmittel, das nur gelegentlich gereicht werden darf. Jungtiere vertragen Milch im Allgemeinen recht gut. Mit zunehmendem Alter verliert sich aber die Fähigkeit, den Milchzucker zu verdauen. Durchfall kann dann die Folge sein.

seuche, Katzenschnupfen, Leukose, Tollwut und FIP (Feline Infektiöse Peritonitis) geimpft. Zusätzlich sind Impfungen gegen Chlamydiose und FeLV (Feline Leukämievirus-Infektion) möglich. Bei Katzen, die ausschließlich im Haus gehalten werden und keinen Kontakt zu Artgenossen haben, sind die Impfungen gegen Tollwut, FIP und FeLV nicht erforderlich. Leben aber Katzen mit Hunden zusammen, die ja regelmäßig nach draußen kommen, ist es nicht ausgeschlossen, dass der Hund bestimmte Krankheitserreger einschleppt, auch wenn er selbst nicht erkrankt. Daher sollten in solchen Fällen die Katzen sicherheitshalber einen Rundumimpfschutz erhalten.

Im Folgenden sind die empfohlenen Impfkalender für beide Tierarten aufgeführt:

Der Impfplan ist für Hunde und Katzen unterschiedlich.

Impfplan für Hund und Katze

Oft stellt sich bei der gemeinsamen Haltung von Hund und Katze die Frage, ob die Tiere sich gegenseitig mit irgendwelchen Erkrankungen anstecken können. Von den bekannten Infektionskrankheiten, gegen die erfolgreich geimpft wird, kann nur die Tollwut sowohl bei Hunden als auch Katzen auftreten.

Hunde werden in der Regel gegen Staupe, Hepatitis, Parvovirose, Leptospirose, Zwingerhusten und Tollwut geimpft. Da in den letzten Jahren verstärkt auch Borreliose bei Hunden auftritt (wird durch Zeckenstiche übertragen), wird immer häufiger auch eine Impfung dagegen empfohlen. Bei Katzen wird gegen Katzen-

Impfplan für Hunde

Krankheit (Abkürzung)	Grundimmunisierung		Auffrischimpfung	
	Erstimpfung	Nachimpfung	erste	weitere
Staupe (S)	8. LW	12. LW	nach 12 Monaten	im Zweijahresrhythmus
Ansteckende Leberentzündung (H bzw. H.c.c.)	8. LW	12. LW	nach 12 Monaten	im Zweijahresrhythmus
Leptospirose (L)	8. LW	12. LW	nach 12 Monaten	im Zweijahresrhythmus
Parvovirose (P)	8. LW	12. LW	nach 12 Monaten	jährlich
Tollwut	12. LW	-	nach 12 Monaten	jährlich
Parainfluenza (Pi bzw. Para) *	8. LW	12. LW	nach 6–12 Monaten	jährlich
Bordatella (B) *	mindestens 5 Tage vor Infektionsrisiko	-	nach 6–10 Monaten wenn erforderlich	
Borreliose	12. LW	16. LW	nach 6–10 Monaten	alle 6–12 Monate

LW = Lebenswoche
* Erreger des Zwingerhustens

Impfplan für Katzen

Krankheit (Abkürzung)	Grundimmunisierung		Auffrischimpfung	
	Erstimpfung	Nachimpfung	erste	weitere
Katzenseuche	8. LW	12. LW	nach 12 Monaten	alle 1–2 Jahre
Katzenschnupfen	8. LW	12. LW	nach 12 Monaten	jährlich
Feline Infektiöse Peritonitis (FIP)	16. LW	19. LW	nach 12 Monaten	jährlich
Tollwut (T)	12. LW	-	nach 12 Monaten	jährlich
Chlamydiose *	8. LW	12. LW	nach 12 Monaten	jährlich
Feline Leukämie-virus-Infektion (FeLV) **	9. LW	12. LW	nach 12 Monaten	jährlich

LW = Lebenswoche
* besonders in Problembeständen, Zuchten oder Tierheimen
** nach vorherigem Bluttest, außer wenn Eltern und alle Kontakttiere FeLV-negativ sind

Parasiten von Hund und Katze

Im Gegensatz zu den aufgeführten Krankheiten können die häufig auftretenden Endo- und Ektoparasiten sowohl bei Hunden als auch bei Katzen vorkommen, das heißt, die Tiere können sich sozusagen gegenseitig anstecken. Da viele Endoparasiten durch infizierte Nahrung in den Körper gelangen, vermindert das Verfüttern von Fertigfutter oder abgekochtem Fleisch die Infektionsgefahr erheblich.

Die Erreger der Toxoplasmose sind häufige Parasiten von Fleischfressern. Sie gehören zu den Einzellern und sind hauptsächlich als Parasiten von Katzen bekannt, obwohl sie auch in Hunden vorkommen, in 90 Prozent der Fälle dann aber keine Symptome hervorrufen. Hunde stecken sich meistens durch das Fressen von Katzenkot (was sie mit Leidenschaft tun) an. Menschen können sich nur durch den Kot befallener Katzen infizieren. Hauptansteckungsquelle für Katzen sind vermutlich rohes Schweine- und Schaffleisch und kleine Beutetiere wie Nager oder Vögel.

Bandwürmer befallen Hunde und Katzen gleichermaßen, verursachen aber häufig keine Symptome und bleiben daher lange unerkannt. Für beide Tierarten gibt es Entwurmungsmittel in Tabletten- oder Pastenform, die als Kombipräparate auch gegen Spul- und Hakenwürmer wirken. Diese zu den Rundwürmern zählenden Parasiten kommen auch häufig bei Hunden und Katzen vor, wobei es sich bei den Hakenwürmern um verschiedene Arten handelt, die nicht auf die andere Art übertragen werden (Katze auf Hund) beziehungsweise nach Übertragung keine Schäden verursachen (Hund auf Katze). Mit Spulwürmern werden die Welpen meist schon im Mutterleib befallen, sodass es wichtig ist, sowohl Katzen- als auch Hundewelpen schon im Alter von zwei bis drei Wochen das erste Mal zu entwurmen.

Später sollten Katzen und Hunde regelmäßig etwa alle drei bis vier Monate und immer gleichzeitig entwurmt werden, um nicht nur sie selbst, sondern auch die Menschen, die mit ihnen Kontakt haben, vor einem Befall zu schützen. Besonders der Kleine Fuchsbandwurm kann bei Menschen erhebliche gesundheitliche Schäden hervorrufen.

Zu den Ektoparasiten gehören Flöhe, Zecken und Milben. Vor einem Flohbefall ist kein noch so gut gepflegtes Tier sicher, da es sich die Plagegeister jederzeit draußen an einer Hausecke oder bei Kontakt mit Artgenossen einfangen kann. Man spricht zwar von Menschen-, Hunde- und Katzenfloh, die Flöhe gehen aber gerne von einer Art auf die andere über, sodass immer alle Tiere im Haus und vor allem die Umgebung gegen Flohbefall behandelt werden müssen. Da Flöhe auch Bandwürmer übertragen, ist nach einer erfolgreichen „Entflohung" auch eine Entwurmung notwendig.

Zecken gehören zu den Spinnentieren und befallen sowohl Hunde als auch Katzen besonders häufig von April bis Juni und von September bis Oktober. Sie durchbohren mit ihren Mundwerkzeugen die Haut, saugen sich mit Blut voll und lassen sich fallen, wenn sie auf ein Vielfaches ihrer ursprünglichen Größe angeschwollen sind. Da Zecken Krankheiten wie Borreliose oder Meningitis (beim Menschen, selten bei Hunden) übertragen können, sollten sie so schnell wie möglich entfernt werden, da die Infektionsgefahr ansteigt, je länger sie festgesaugt bleiben. Am besten werden sie

Durch engen Köperkontakt können auch Krankheitserreger oder Parasiten übertragen werden.

mit einer speziellen Zeckenzange vorsichtig aus der Haut gedreht. Von alten Hausmitteln wie Beträufeln mit Öl oder Alkohol ist abzuraten, denn sie sind meistens wirkungslos und können außerdem zu zusätzlichen Infektionen führen. Ein Zeckenstich (kein Biss!) juckt nur etwas und verursacht eine kleine Schwellung, die bald wieder verschwindet.

Milben gehören auch zu den Spinnentieren. Sie befallen besonders exponierte Körperstellen wie Ohren, Lippen, Nase oder Schwanz-

spitze bei Hunden und Katzen und verursachen starken Juckreiz. Sie werden durch Körperkontakt von Tier zu Tier (auch artübergreifend) übertragen. Ein Befall sollte umgehend nach Absprache mit dem Tierarzt behandelt werden.

Dieser Gesichtsausdruck ist eindeutig.

„Sprachbarrieren"

Aufgrund ihrer ursprünglichen Lebensweise haben Hunde und Katzen unterschiedliche Verhaltensweisen und Ausdrucksmöglichkeiten entwickelt, die beim Zusammenleben der Tiere, besonders anfangs, wenn sie noch keine Erfahrung mit der anderen Tierart gemacht haben, zu Missverständnissen oder Problemen führen können. Die Erfahrung hat aber gezeigt, dass die Tiere durchaus in der Lage sind, die „Sprache" des anderen – sowohl die Lautsprache, vor allem aber auch die Körpersprache – zu erlernen, was allerdings einige Zeit erfordert.

Schnurren und Knurren

Fast jeder weiß, dass ein Hund, der knurrt, damit seine Unsicherheit zeigt oder droht und eine Katze, die schnurrt, ihr Wohlbefinden damit ausdrückt. Wüsste man aber nicht über die Bedeutung Bescheid, könnten man annehmen, dass diese sich sehr ähnelnden Lautäußerungen dasselbe ausdrücken sollen. Haben Hund und Katze noch nicht gelernt, was dieses Geräusch bei der jeweils anderen Art zu bedeuten hat, kann es zu fatalen Missverständnissen kommen.

Wird eine Katze, die keine Angst vor Hunden hat, von einer Hundeschnauze beschnüffelt und beleckt oder sogar am Nacken oder Rücken beknabbert, wie es viele Hunde gerne mit ihnen

Die Katze muss lernen, was ein warnendes Knurren bedeutet.

vertrauten Katzen tun, beginnt sie zu schnurren. Ein unerfahrener Hund könnte dies als Knurren interpretieren und verunsichert zurückweichen oder im schlimmsten Fall mit Aggression reagieren.

Umgekehrt kann es für die Katze gefährlich werden, wenn sie sich einem Hund nähert, der aus Unsicherheit ein drohendes Knurren hören lässt, sie dieses Knurren aber falsch interpretiert und sich weiter nähert. Der Hund wird, weil ja seine erste Warnung offensichtlich ignoriert wurde, als Nächstes drohend in die Luft schnappen. Die Katze erschrickt, verteidigt sich vielleicht sogar mit ihren Krallen und schon beginnt eine wilde Jagd oder Schlimmeres nur aufgrund von Verständigungsproblemen.

Dies gilt es zu verhindern. Daher sollten die Tiere so lange nur unter Aufsicht und Kontrolle zusammengeführt werden, bis sie die Sprache des anderen richtig interpretieren können.

Schwanzhaltung und -bewegung

Der Schwanz spielt bei der Körpersprache beider Tierarten eine große Rolle. Seine Haltung oder Bewegung spiegelt häufig die Stimmung des Tieres wider, kann aber auch ein Zeichen für die soziale Stellung (bei Hunden) sein.

Die entspannte Haltung ist sowohl bei Hund als auch Katze der locker nach unten hängenden Schwanz mit leicht nach außen geboge-

Mit hoch erhobenem Schwanz wird der vertraute Hund begrüßt.

ner Spitze. Ein Hund, der Angst hat, klemmt die Rute unter den Bauch. Ein vergleichbares Verhalten gibt es bei der Katze nicht. Begegnen sich zwei Hunde, wird die Rute in der Regel hoch aufgerichtet getragen, wobei das ranghöhere Tier sie höher hält als das rangniedrigere.

Katzen begrüßen mit hoch aufgerichtetem Schwanz nur gute Bekannte. Das kann der Mensch, der befreundete Hund oder ein Artgenosse sein. Bei der Begegnung zweier fremder Katzen wird der Schwanz nicht aufgerichtet.

Der kerzengerade nach oben gestellte und am Ende wie ein Spazierstock gebogene Schwanz ist bei Katzen häufig ein Zeichen von Erregung oder Freude, zum Beispiel in Erwartung eines leckeren Futters.

Der gerade nach hinten gestreckte Schwanz ist bei beiden Tierarten ein Zeichen höchster Konzentration. Bei Jagdhunden, die dem Jäger das Wild durch Vorstehen anzeigen, ist dieses Verhalten besonders ausgeprägt. Katzen strecken ihren Schwanz gerade nach hinten, wenn sie einer Beute auflauern. Da sie dabei aber meistens hocken, liegt der Schwanz auf dem Boden.

Die Schwanzbewegung drückt ganz deutlich bestimmte Stimmungslagen aus. Üblicherweise sagt man, ein Hund, der mit dem Schwanz wedelt, ist freundlich gestimmt, eine Katze, die mit dem Schwanz peitscht, ist dagegen aggressiv. Beides ist so nicht ganz richtig.

Das Schwanzwedeln hat bei beiden Tierarten eigentlich denselben Ursprung. Es drückt eine Konfliktsituation aus. Sobald sich das Tier zwischen zwei Situationen hin und her gerissen fühlt, äußert sich das in einer Seitwärts-bewegung des Schwanzes. Die Katze möchte zum Beispiel zu ihrem Futternapf, traut sich aber nicht, weil der Hund im Weg liegt. Aus Unsicherheit bleibt sie stehen und peitscht ihren Schwanz hin und her, was natürlich eine aggressive Grundstimmung nicht ausschließt.

Andererseits ist ein schwanzwedelnder Hund nicht immer nur freudig aufgelegt. Es kommt auf die Situation an, in der er sich befindet. Vertraute Menschen oder Tiere sowie mögliche Sexualpartner werden mit heftigem Schwanzwedeln begrüßt. Erfolgt aber eine Begegnung mit einem Rivalen oder einem unbekannten Eindringling, bewegt sich zwar die Rute auch hin und her, wird dabei aber auch aufgerichtet getragen. Je selbstbewusster der Hund ist, umso verhaltener fällt das Schwanzwedeln aus und kann schließlich ganz erstarren, weil es entweder zu einer Auseinandersetzung oder zu einer Entspannung der Situation kommt. Hier drückt das Schwanzwedeln ganz klar den Konflikt zwischen Angst und Aggressivität, Dominanz und Unterwerfung aus.

Somit muss immer die gesamte Körpersprache der Tiere mit beachtet werden, wenn es um die richtige Interpretation der Schwanzhaltung und -bewegung geht. Für uns Menschen ist es ein gutes Signal, um die Stimmung unserer Schützlinge zu erkennen und somit zu entscheiden, ob eingegriffen werden muss.

Ohrstellung

Die Ohrstellung ist bei beiden Tierarten ein deutlicher Stimmungsanzeiger. Aufmerksame und entspannte Hunde tragen die Ohren auf-

gerichtet. Sind sie dagegen eingeschüchtert, unsicher oder sogar ängstlich, legen sie die Ohren nach hinten, um kleiner zu erscheinen und das Gegenüber mit dieser Beschwichtigungsgeste milde zu stimmen. Auch wenn der Hund Katzen gegenüber unsicher ist, legt er die Ohren zurück.

Katzen legen ihre Ohren zur Seite oder nach hinten, wenn sie Angst haben. Allerdings ist dies keine Beschwichtigungsgeste (die bei Katzen ohnehin kaum ausgeprägt sind), sondern meistens ein sicheres Anzeichen für einen bevorstehenden Angriff. Das Anlegen der Ohren wird dann häufig mit einem Fauchen begleitet, dem blitzschnell ein Angriff folgen kann, sollte der vermeintliche Angreifer diese Warnung nicht ernst nehmen.

Bei beiden Tierarten ist also die Ohrstellung auch für uns Menschen ein klar erkennbares Signal, das über Stimmungslage und eventuell kritische Situationen Aufschluss gibt.

Hier zeigt der Hund durch die Ohrstellung eine gewisse Unsicherheit.

Pföteln

Das Pföteln, also das Anheben der Vorderpfote, kann sowohl bei Hund als auch Katze beobachtet werden, hat aber bei beiden eine recht unterschiedliche Bedeutung und kann daher zu Missverständnissen führen.

Bei Hunden ist das Pföteln eine Beschwichtigungsgeste, die gegenüber dominanteren Artgenossen, aber auch gegenüber uns Menschen häufig gezeigt wird. Es dient ebenso als Aufforderung zum Spiel wie als Bettelbewegung, um Futter oder Zuneigung zu erlangen.

Erhebt dagegen eine Katze die Pfote gegen ein anderes Tier oder einen Menschen, ist Vorsicht geboten. Bei ihr ist es eine Abwehrbewegung, wenn sie sich bedrängt oder bedroht fühlt. Zieht sich der vermeintliche Gegner nicht unverzüglich zurück, kann sie blitzschnell zum Angriff übergehen und dem Zudringling mit ausgefahrenen Krallen einen Denkzettel verpassen.

So weit sollte es zwischen Hund und Katze tunlichst nicht kommen. Beobachtet man solch eine Situation, wird der Hund am besten abgerufen und man beruhigt beide Tiere durch Zureden und Streicheln.

Der Hund muss lernen, behutsam mit der Katze umzugehen, die im Gegenzug das Gefühl bekommen muss, dass der Hund für sie keine Bedrohung ist. Haben beide dies schließlich verinnerlicht, werden später im Spiel zwar auch die Pfoten eingesetzt, wobei die Katze aber ihre Krallen nicht ausfährt und der Hund vorsichtig und behutsam vorgeht.

Katzen setzen gerne ihre Pfoten ein. Durch den Zaun fühlt sich die Katze sicher und nimmt mit der Pfote Körperkontakt auf.

Zusammenführung von Hund und Katze

Bei der Zusammenführung von Hund und Katze muss der Mensch den Tieren mit viel Geduld und Liebe vermitteln, dass sie zu einer Gemeinschaft gehören, in der die anderen Mitglieder akzeptiert und auf keinen Fall geschädigt werden dürfen. Wichtig ist dabei vor allem, Ruhe zu bewahren. Wenn der Mensch schon nervös und ängstlich ist, überträgt sich das auf die Tiere. Auch sollte man ein gewisses Vertrauen in die Tiere setzen. Denn viele Konflikte machen sie untereinander aus, ohne dass es zu ernsthaften Auseinandersetzungen kommt.

In der ersten Zeit dürfen die Tiere nicht ohne Aufsicht zusammengelassen werden, damit man im Notfall eingreifen kann, falls sich doch ein Tier so bedroht fühlt, dass es zu einem Angriff übergeht.

Hier hat der Hund ganz klar die Individualdistanz unterschritten. Ein warnendes Fauchen lässt ihn zurückweichen.

Hinweis

Bei der Zusammenführung von Hund und Katze muss man sich darüber im Klaren sein, dass man zwei Tierarten unter einem Dach vereint, die unter normalen Umständen keine Lebensgemeinschaft bilden würden.

In seltenen Fällen verstehen sich Hund und Katze vom ersten Tag an, ohne dass irgendwelche Probleme auftreten. In der Regel ist aber eine gewisse Gewöhnungsphase notwendig, besonders wenn die Tiere zuvor noch keine oder schlechte Erfahrungen mit der anderen Art gemacht haben. Ganz wichtig ist es von

Wenn Hunde- und Katzenwelpen miteinander aufwachsen, gibt es keine Probleme.

Anfang an, dass man die Zuneigung auf beide Tiere gleich verteilt. Wird beispielsweise die Katze immer nur gestreichelt und gelobt, der Hund dagegen ständig getadelt, verstärkt sich bei ihm zwangsläufig die Abneigung gegen die Katze. Wird aber beiden Tieren, möglichst noch gleichzeitig (wir haben ja zwei Hände zum Streicheln), dieselbe Zuneigung entgegengebracht, verstärkt sich die Bindung sowohl zum Menschen als auch zu dem anderen tierischen Hausgenossen. Für einen Hund als Rudeltier ist es nicht schwer zu akzeptieren, dass die Katze zum Familienrudel gehört und entsprechend behandelt werden muss. Bei einer Katze, deren soziale Ader weniger ausgeprägt ist, kann es dagegen schon ein Weilchen dauern, bis sie sich mit dem Hund abgefunden oder sogar angefreundet hat.

Das passende Alter

Hund und Katze aneinander zu gewöhnen ist natürlich am einfachsten, wenn sie beide als Welpen zusammengeführt werden. Sie sehen sich dann gegenseitig als Geschwisterersatz an, haben noch keine Erfahrungen – weder gute noch schlechte – mit der anderen Art gemacht und werden völlig unbedarft miteinander umgehen. Sie werden zusammen spielen und im Lauf der Entwicklung auch gegenseitig die Verhaltensweisen des anderen kennen lernen und teilweise vielleicht sogar selber annehmen. Solche miteinander aufgewachsenen Tiere werden mit größter Wahrscheinlichkeit ein Leben lang gute Freunde sein und sich auch fremden Vertretern der anderen Art gegenüber freundlich bis neutral verhalten.

Diese Katze ist mit Hunden aufgewachsen und lässt sich selbst solch intime Behandlung gefallen.

Auch noch relativ einfach ist die Zusammenführung, wenn eines der Tiere ausgewachsen und das andere noch ein Welpe ist. Dann kommt es nämlich häufig vor, dass sich eine Art Eltern-Kind-Verhältnis zwischen beiden entwickelt. Erwachsene Hunde behandeln ein kleines Kätzchen häufig wie ihr eigenes Junges und tragen es manchmal sogar im Maul herum. Schon oft waren Tierbesitzer entsetzt, wenn sie zum ersten Mal beobachtet haben, wie der kleine Katzenkörper fast im Maul des Hundes verschwunden ist, weil sie dachten, jetzt sei es um das Katzenjunge geschehen. Dabei wurde es nur behutsam aufgenommen und an einen in den Augen des Hundes sicheren Ort transportiert.

Umgekehrt fällt es einer Katze natürlich schwer, einen Hundewelpen auf diese Art zu versorgen, da er ihr meistens sehr schnell über den Kopf wächst. Eine Katze zeigt dann aber häufig eine andere Art der Fürsorge, indem sie ihrem vermeintlichen Kind regelmäßig Nahrung bringt. So wird eine Katze, die nach draußen kommt, ihrem Hund gerne mal eine erlegte Maus oder einen Vogel bringen. Und damit der Junior auch selber lernt, Beute zu machen, wird die Maus schon mal lebend gebracht und vor dem Hund laufen gelassen, um dann kritisch dessen Jagderfolg begutachten zu können. Daher empfiehlt es sich, Freigängerkatzen vor Betreten des Hauses auf solche Art Mitbringsel hin zu kontrollieren.

Hund und Katze, die so ein Verhältnis aufgebaut haben (was unabhängig vom jeweiligen Geschlecht der Tiere ist), werden sich auch später gut verstehen und vielleicht sogar immer in dieser Eltern-Kind-Beziehung leben.

Ein Katzenbaby weckt auch beim Hund Beschützerinstinkte.

„Hier ist schon besetzt!"

„Ist die Luft jetzt rein?"

Werden zwei erwachsene Tiere miteinander vergesellschaftet, kann es schon eher zu Problemen kommen. Wie man die Gewöhnung aneinander am besten organisiert, wird im Folgenden beschrieben.

Hinweis

Wenn ein neues Tier ins Haus kommt, sollte sich der Mensch anfänglich viel Zeit nehmen, um sich intensiv mit den Tieren beschäftigen zu können und dem Neuling das Eingewöhnen zu erleichtern. Außerdem muss er das bisherige Haustier auch besonders liebevoll behandeln, damit es sich nicht zurückgesetzt fühlt, sondern eher etwas Positives mit dem neuen Familienmitglied verbindet.

Die erste Begegnung

Kommt ein neues Tier in einen Haushalt, in dem schon andere Tiere leben, sind die ersten Begegnungen am kritischsten. Hier muss der Mensch vorausschauend handeln und dem Charakter der jeweiligen Art entsprechend dafür sorgen, dass sich der Neuankömmling von Anfang an möglichst wohl fühlt und das neue Heim inspizieren kann. Hierbei spielt es keine Rolle, ob es sich bei dem Neuzugang um ein ganz junges oder ein erwachsenes Tier handelt.

Zieht ein Hund ein, muss er zunächst die Gelegenheit bekommen, sein neues Zuhause gründlich zu beschnuppern, um sich ein Bild davon zu machen. Die schon im Haushalt lebende Katze wird vermutlich von einem sicheren, erhöhten Standort aus jeden Schritt

„Hier oben bin ich doch sicher, oder?"

Bei den ersten Begegnungen kann man den Hund an der Leine halten.

des Eindringlings argwöhnisch beobachten. Verfolgt sie nur neugierig die Aktivitäten des Hundes, ist ein Eingreifen nicht erforderlich. Zeigt die Katze jedoch Angst oder wird sie aggressiv, führt man den Hund zunächst in einen anderen Raum, damit sich die Katze beruhigen kann, und beginnt erst später oder am nächsten Tag damit, die Katze allmählich an den Hund zu gewöhnen.

Besonders Welpen oder Junghunde werden vermutlich anfangs begeistert auf die Katze zustürmen, was bei ihr natürlich eine Fluchtreaktion auslöst. Ist der Hund schon älter und einigermaßen erzogen, kann man ihn Sitz oder Platz machen lassen. Bringt man auf diese Weise eine gewisse Ruhe in die Situation, wird die Katze schneller Vertrauen fassen.

Kommt eine Katze in einen Haushalt, in dem schon ein Hund lebt, sollte man sie nicht sofort mit ihm konfrontieren. Am besten bringt man die Katze in einen Raum, in dem sie sich später ohnehin häufig aufhalten wird, stellt Futter, Wasser und eine Katzentoilette bereit und lässt den Hund zunächst nicht in dieses Zimmer. Dann lässt man die Katze in aller Ruhe die neue Umgebung erkunden, wobei möglichst wenig Personen anwesend sein sollen. Wichtig ist dabei, dass die Katze lernt, wo sie sich verstecken oder auf einen erhöhten Platz zurückziehen kann. Erst wenn man den Eindruck hat, dass die Katze sich wohl fühlt, konfrontiert man sie zum ersten Mal mit dem Hund.

Der Hund wird an der Leine hereingeführt und in sicherer Entfernung von der Katze abgelegt. Zeigt der Hund Aggression oder will er die Katze jagen, muss er sofort zur Ordnung gerufen werden. Er muss lernen, sich in Gegenwart der Katze zu benehmen und sie unbehelligt zu lassen. Da ein Hund in der Regel größer und stärker als eine Katze ist – obwohl diese sich wirkungsvoll zur Wehr setzen kann – und sich wesentlich einfacher erziehen lässt, muss man sich in diesen Situationen den Gehorsam des Hundes zunutze machen. Denn durch Erziehungsmaßnahmen lässt sich bei Katzen diesbezüglich nur wenig erreichen. Sie müssen einfach erkennen, dass von dem Hund keine Gefahr ausgeht, und legen dann ihre Angst oder Aggression ab.

Optimal ist es, wenn die ersten Begegnungen ohne aggressives Verhalten von beiden Seiten verlaufen. Dann entsteht schnell eine entspannte Atmosphäre. Bleiben die Tiere gelassen, wenn der jeweils andere Vierbeiner den Raum betritt, kann man dazu übergehen, sie ohne Leine zusammenzulassen. Dabei muss die Reaktion der beiden Tiere genau beobachtet werden. Der Hund wird vermutlich sofort versuchen, die Katze zu beschnüffeln. Hat diese gute Nerven, wird sie es erdulden. Ist ihr die Sache noch nicht geheuer, zieht sie sich zurück oder lässt sogar ein warnendes Fauchen hören. Wie lange solch eine Gewöhnungsphase dauert, hängt vom Charakter und Temperament der

Ein Rückzugsplatz für die Katze ist immer wichtig.

Diese kleine Katze tritt schon recht selbstbewusst dem Hundewelpen gegenüber, der sichtlich eingeschüchtert ist.

Ein fast hoffnungsloser Fall?

In seltenen Fällen kommt es vor, dass sich Hund und Katze selbst nach erheblichen Bemühungen der Menschen nicht aneinander gewöhnen und sich auch noch nach Wochen mit Aggression begegnen. Dies tritt besonders dann auf, wenn zwei Personen, die zuvor jeweils einen Hund beziehungsweise eine Katze hatten, beschließen, einen gemeinsamen Hausstand zu gründen. Die Tiere, die bis dahin ihren Menschen ganz für sich allein beanspruchen konnten, müssen nun die geliebte Person mit einer anderen teilen, die auch noch einen vierbeinigen Hausgenossen mitbringt, den man nicht leiden kann. Mitunter wirft diese Zusammenführung so große Probleme auf, dass die Menschen sogar überlegen, eines der Tiere abzugeben. Aber dazu muss es nicht kommen.

Wofür haben wir zwei Hände zum Streicheln?

Tiere ab. In der Regel sollte man jedoch nach einigen Tagen Hund und Katze frei, aber noch unter Aufsicht zusammenlassen können.

Wie eng sich schließlich die Beziehung zwischen Hund und Katze gestaltet, hängt vom Wesen der beiden ab und davon, in welchem Alter sie zusammengebracht wurden. Die Beziehung kann von gegenseitiger Ignoranz über Akzeptanz, einseitiger oder beidseitiger Freundschaft bis zu inniger Zuneigung reichen. Versuchen Sie aber nie die Tiere dazu zu zwingen, enge Freunde zu werden, wenn sie dazu nicht freiwillig bereit sind. Hauptsache ist es, sie arrangieren sich irgendwie – und wenn es durch gegenseitige Nichtbeachtung ist –, sodass der Frieden im Haus gewahrt bleibt.

Mit einem wirkungsvollen Trick und etwas Zeit und Geduld lassen sich auch solch anscheinend hoffnungslose Fälle zum Guten wenden. Nicht umsonst heißt es, die Liebe geht durch den Magen. Und auch bei Tieren lässt sich sehr viel über Futter erreichen.

Die Tiere werden in getrennten Räumen gehalten, sodass sie sich nicht sehen können. Der Futterplatz wird jedoch an einen Ort verlegt, an den man beide Tiere bringen kann, ohne dass sie direkt zueinander gelangen können, aber Sichtkontakt haben. Das können zwei geräumige Käfige sein oder ein Raum, der durch ein Gitter getrennt wird. Man kann auch einen Türdurchgang mit einem Gitter blockieren und je ein Tier in einem der beiden angrenzenden Räume halten. Man führt nun die Tiere so zusammen, dass sie sich sehen können, und bietet ihnen gleichzeitig ihr Futter an. Wichtig ist dabei, dass die Tiere nicht woanders gefüttert werden. Da Fressen für sie etwas Angenehmes und Positives ist, lernen sie auf diese Weise, etwas Angenehmes mit dem verhassten Hausgenossen zu verbinden – eine für sie völlig neue Erfahrung.

Anfangs werden die Futterschüsseln in einem ausreichend großen Abstand aufgestellt, damit sich keiner von beiden bedrängt oder gestört fühlt. Zeigen die Tiere beim ersten Mal noch feindseliges Verhalten und haben kein Interesse am Futter, werden sie nach einiger Zeit wieder hinausgeführt. Nach ein paar Stunden, wenn der Hunger größer geworden ist, versucht man es noch einmal. Vermutlich werden sie schon ziemlich bald zumindest zwischendurch etwas fressen und sich dabei beruhigen. Damit ist ein wichtiger Schritt geschafft.

Sollten die Tiere den ganzen Tag das Futter verweigern, brauchen Sie sich keine Sorgen zu machen. Es schadet ihnen nichts, wenn sie mal einen Tag fasten. Dann ist der Hunger am nächsten Tag umso größer und die Übung wird sicherlich gelingen.

Von nun an werden die Tiere immer nur zusammen gefüttert, nie an einem anderen Ort oder zu einer anderen Zeit. Allmählich kann man dann die beiden Futterschüsseln immer weiter zusammenrücken, bis die Tiere nebeneinander aggressionsfrei fressen. Dann kommt der große Moment, in dem das Trenngitter entfernt wird. Sollte der Hund starkes Interesse am Katzenfutter zeigen, kann man ihn die erste Zeit noch vorsichtshalber an der Leine halten. Besitzt der Hund aber einen gewissen Grundgehorsam, wird er schnell lernen, dass er die fremde Schüssel nicht anrühren darf.

Die Tiere sollten auch weiterhin gemeinsam gefüttert werden. Das festigt ihre Bindung zueinander und bestärkt die positive Erfahrung immer wieder aufs Neue.

Gemeinsames Fressen sorgt für eine entspannte Atmosphäre.

Häufige Probleme und ihre Lösungen

Der Hund jagt die Katze

Wie schon weiter oben beschrieben ist eines der Hauptprobleme beim Zusammenleben von Hund und Katze, dass die Katze beim Hund den Jagdtrieb auslöst, besonders wenn sie sich etwas schneller bewegt. Sie reagiert darauf, indem sie sich auf einen erhöhten Platz oder unter den Schrank rettet oder einfach davonrennt. Das verstärkt den Reiz für den Hund noch und er nimmt die Verfolgung auf. Dieses Verhalten ist instinktgesteuert und oft weiß der

Der Kratzbaum ist für die Katze ein geschickter Zufluchtsort.

Hund gar nicht, was er mit dem verfolgten Tier anfangen soll, wenn er es tatsächlich stellt. Wird die Katze in die Enge getrieben, versucht sie mit aufgestellten Haaren und Fauchen den Hund zu vertreiben und setzt sich notfalls mit den Krallen zur Wehr. Dies ist keine gute Voraussetzung für ein harmonisches Miteinander der beiden Tiere.

Sollte der Hund immer wieder dazu neigen, die Katze zu jagen, muss täglich und konsequent am Gehorsam geübt werden. Nur unter Aufsicht werden die Tiere zusammengelassen, wobei der Hund durch Übungen wie Sitz und Platz unter Kontrolle gehalten werden muss. Wichtig ist, dass der Hund zuverlässig ein Kommando befolgt, bevor er die Gelegenheit hat, die Katze zu jagen. Macht er seine Sache gut, wird er natürlich überschwänglich gelobt und mit einem Leckerli belohnt. So lässt sich das Problem relativ schnell lösen.

Allerdings ist es nicht gesagt, dass ein Hund, der im Haus die zur Familie gehörende Katze unbehelligt lässt, auch draußen keine Katzen mehr jagt. Denn einerseits kann er sehr wohl „seine" von fremden Katzen unterscheiden, andererseits ist die Situation mit einem Vielfachen an Umweltreizen und der fehlenden räumlichen Beschränkung draußen eine andere, in der ein Hund auch anders reagiert. Ist aber ein Hund Katzen gewöhnt, wird er mit größter Wahrscheinlichkeit keiner Katze etwas zuleide tun, auch wenn er sie draußen in die Enge treibt.

Die Katze schikaniert den Hund

Nicht immer ist die Katze im Haus die Leidtragende, manchmal wird auch dem Hund ganz schön zugesetzt, besonders wenn er eher von der gutmütigen Sorte ist. Katzen jagen anders als Hunde. Sie schleichen sich an ihr Opfer an und versuchen es mit einem Beutesprung zu überwältigen. Viele Katzen, besonders diejenigen ohne Freigang, haben kaum Gelegenheit, dieses Verhalten auszuleben. Was eignet sich also besser als die Rutenspitze eines Hundes, um den Beutesprung zu üben, besonders wenn sie sich noch leicht hin und her bewegt?

Auch kleine Katzen können großen Hunden ganz schön auf die Nerven gehen.

Die Katze weiß natürlich genau, die richtige Situation auszunutzen. Der Hund liegt dösend im Korb oder unterm Tisch, den Schwanz weit von sich gestreckt. Vielleicht träumt er sogar und zuckt etwas im Schlaf. Die Katze schleicht sich unbemerkt an, packt das Schwanzende mit beiden Pfoten und beißt vielleicht – falls ihr noch Zeit bleibt – herzhaft hinein. Der ahnungslose Hund fährt erschrocken hoch, aber bis er reagieren kann, ist die Katze auf und davon.

Läuft dieses Verhalten auf der rein spielerischen Ebene ab, gibt es keine Veranlassung einzugreifen. Sollte aber die Katze den Hund ernsthaft verletzen und regelrecht schikanieren, sind gewisse Erziehungsmaßnahmen erforderlich. Am wirkungsvollsten ist hier eine Wasserspritze mit einem dünnen, gezielten Strahl, der die Katze im entscheidenden Moment trifft.

Auch bei anderen Situationen, in denen die Katze unerwünschte Verhaltensweisen zeigt, wie zum Beispiel an den Möbeln zu kratzen oder auf den Tisch zu springen, ist dies eine wirksame Erziehungsmethode.

Der Hund frisst aus der Katzentoilette

Hunde haben oft eine Vorliebe für verdorbene Sachen oder Kot von anderen Tieren, den sie mit Leidenschaft fressen. Besonders Katzenkot scheint für Hunde eine Delikatesse zu sein, vermutlich weil er noch einen sehr hohen Proteinanteil enthält und dem Hund einfach schmeckt. Oft helfen alle Ermahnungen nichts, der Hund wird heimlich versuchen, einen Bissen aus dem Katzenklo zu erhaschen, wobei ihn dann meistens die Katzenstreukrümel am Maul und der schauerliche Mundgeruch verraten. Grundsätzlich ist das Kotfressen nicht schädlich, vor allem wenn beide Tiere regelmäßig entwurmt werden. Aber wer engen Kontakt mit seinem Hund hat, für den ist diese Leidenschaft nicht gerade hygienisch.

Meistens hilft es da nur, die Katzentoilette so aufzustellen, dass die Katze Zugang hat, aber der Hund nicht dorthin gelangt. Sind Katze und Hund etwa gleich groß, kommt eigentlich nur ein erhöhter, für den Hund unerreichbarer Stellplatz infrage oder ein Raum, in den die Katze durch einen nur im Sprung erreichbaren Durchschlupf gelangen kann. Ist der Hund größer als die Katze, lässt man den Zugang so schmal, dass nur die Katze, aber nicht der Hund hindurchgelangt (durch ein Gitter oder eine festgestellte Tür). Alternativ kann man auch eine Katzenklappe in der Tür zu dem Raum installieren, in dem sich die Katzentoilette befindet.

Die Katzentoilette ist für viele Hunde einfach zu verführerisch.

Ein Tier wird „eifersüchtig"

Eifersucht ist eine menschliche Eigenschaft, die Tieren fremd ist. In Ermangelung eines anderen passenden Begriffs reden wir aber häufig von Eifersucht, wenn sich zum Beispiel der Hund zwischen zwei Menschen drängt, die sich umarmen. Dabei will er nur dafür sorgen, dass seinem Menschen nichts geschieht, weil er die Umarmung als eine Bedrohung ansieht. Eine Katze dagegen reagiert manchmal auf Veränderungen in ihrer Umgebung (das kann ein Umzug, die Geburt eines Babys oder eben ein neuer Hund sein) mit Aggression, Zerstörungswut oder Unsauberkeit, das heißt, sie setzt ganz bewusst Kot und Urin an bestimmten, oft exponierten Stellen ab. Auch für dieses Verhalten wird oft „Eifersucht" als Grund angeführt.

Da es für Hunde normal ist, wenn sich das Familienrudel vergrößert, ist bei ihnen weniger mit problematischem Verhalten zu rechnen, wenn eine Katze ins Haus kommt. Intensive Beschäftigung, Auffrischung von Gehorsamsübungen und liebevolle Zuwendung lassen den Hund schnell wieder in die Normalität finden.

Bei einer Katze kann es dagegen schon mal zu den erwähnten massiven Verhaltensänderungen kommen, wenn ein Hund einzieht. Dann sollte man sich intensiver mit dem Tier beschäftigen. Legen Sie häufiger als sonst Spiel- und Schmusestunden mit der Katze ein. Grenzen Sie dabei aber den Hund nicht aus. Setzt die Katze Kot und Urin außerhalb ihrer Toilette ab, will sie damit vielleicht ihr Revier kennzeichnen. Geschieht dies immer am selben Ort, stellen Sie dort eine zusätzliche Katzenschüssel auf. Beobachten Sie die Katze und

Für Hunde ist es normal, wenn sich das Rudel vergrößert.

nehmen Sie sie sofort hoch, wenn sie Anstalten macht zu markieren, und setzen Sie sie in die Katzentoilette. Verrichtet sie dort ihr Geschäft, wird sie kräftig gelobt. Vielleicht fühlt sie sich darin auch an dem alten Standort aufgrund der Anwesenheit des Hundes nicht mehr wohl. Wählen Sie dann einen anderen Platz für die Toilette, wo der Hund möglichst keinen Zugang hat. Zeigt die Katze aggressives oder zerstörerisches Verhalten, müssen auch schon mal Erziehungsmaßnahmen mithilfe der Wasserspritze ergriffen werden.

Auf jeden Fall muss man der Katze wieder das Gefühl vermitteln, dass sie ebenso geliebt wird wie zuvor und sich nicht zurückgesetzt fühlen muss.

„Wollen wir 'ne Runde spielen?"

Gegenseitige Körperpflege ist ein Ausdruck von wahrer Zuneigung.

Echte Freundschaft

Auch wenn bisher über eine Reihe von Problemen berichtet wurde, die beim Zusammenleben von Hund und Katze auftreten können, beweist doch die Praxis, dass in den meisten Fällen, selbst wenn es einer gewissen Gewöhnungsphase bedarf, ein harmonisches Miteinander von Hund und Katze möglich ist. Am schönsten für den Tierhalter ist es natürlich, wenn beide Tiere eine wirklich enge Freundschaft eingehen. Solch eine vertraute Beziehung kann sich in verschiedenen Verhaltensweisen äußern.

Enger Körperkontakt

Hierzu gehört zum Beispiel die gegenseitige Fellpflege. Sowohl Hunde als auch Katzen bezeugen ihre Zuneigung uns Menschen gegenüber gerne, indem sie uns ablecken, seien es Füße oder Hände, Gesicht, Hals oder sogar die Ohren. Wenn beide Tiere dies gegenseitig bei sich gestatten, zeugt das von absolutem Vertrauen und echter Zuneigung. Ebenso ist das eng aneinander gekuschelte Schlafen ein sicherer Beweis für eine echte Freundschaft zwischen Hund und Katze.

Begrüßungsrituale

Wenn Hund und Katze sich längere Zeit nicht gesehen haben, begrüßen sie sich ausgiebig, wenn sie wieder aufeinander treffen. Zunächst beginnt die Begrüßung auf Katzenart, indem sich die beiden Tiere vorsichtig mit den Nasen berühren und beschnüffeln. Anschließend darf der Hund, wie es seiner Art entspricht, die After-Genital-Region der Katze beriechen. Das ist ein absoluter Vertrauensbeweis der Katze, da sie dieses Verhalten sonst nur bei ausgewählten Artgenossen gestattet. Der hochgestreckte Schwanz signalisiert die Bereitschaft zur Analkontrolle. Dabei streicht die Katze am Körper des Hundes entlang und läuft auch unter seinem Bauch hindurch. Selbst draußen findet diese Art der Begrüßung statt, wenn sich die Tiere zufällig begegnen.

Begrüßungsrituale

Bei diesem Spiel verfolgt der Hund die Katze, die ohne große Furcht vor ihm davonläuft und sich irgendwo in einer Ecke oder auf einem Sessel vom Hund stellen lässt. Dann erfasst der Hund mit seiner Schnauze die Katze in der Kopf- und Nackengegend und hält sie regelrecht fest. Anschließend beginnt er den Nacken der Katze mit seinen kleinen Schneidezähnen zu beknabbern und arbeitet sich knabbernd den gesamten Katzenkörper entlang nach hinten. Dabei kann es vorkommen, dass das Fell der Katze völlig nass gesabbert wird. Wer jetzt glaubt, die Katze würde sich einfach in ihr Schicksal ergeben und nur diese Behandlung erdulden, täuscht sich. Sie genießt offensichtlich diese Behandlung, denn sobald der Hund damit anfängt, beginnt sie zu schnurren und rührt sich nicht vom Fleck. Manchmal wirft sich die Katze vor lauter Wonne

Das Köpfchengeben ist ein Vertrauensbeweis der Katze.

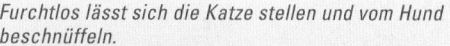

Furchtlos lässt sich die Katze stellen und vom Hund beschnüffeln.

Artübergreifendes Spielen

Es gibt bestimmte Verhaltensweisen, die eigentlich nur zu beobachten sind, wenn Hund und Katze miteinander spielen. Sie zeigen dieses Verhalten nicht, wenn sie mit Artgenossen oder uns Menschen spielen. Und zwar handelt es sich dabei um eine ganz besondere Art des Jagdspiels. Die Tiere scheinen zu wissen, dass sie hierbei eine bestimmte Rolle einnehmen: der Hund die des Jägers oder Räubers, die Katze die der Beute oder des Opfers. Und beide haben offensichtlich viel Spaß an diesem Spiel, obwohl es für Außenstehende manchmal etwas ruppig erscheint.

auch auf die Seite und lässt sogar die Bauch-region vom Hund beschnüffeln und belecken.

Dieses Verhalten kann übrigens ganz spontan auftreten, wenn sowohl Hund als auch Katze den Umgang mit der anderen Art kennen, sich persönlich aber noch nicht begegnet sind. Flüchtet die Katze nicht mehr vor dem Hund und duldet den Körperkontakt, scheint dies bei ihm automatisch das Beknabbern auszulösen, was wiederum die Katze mit wohligem Schnurren kommentiert.

Dies sind nur einige wenige Beispiele für die faszinierenden Verhaltensweisen unserer Vierbeiner, die man täglich beobachten kann. Nehmen Sie sich die Zeit, beschäftigen Sie sich mit Ihren Schützlingen und lehnen Sie sich einfach zurück und beobachten Sie, wenn die Tiere beginnen Kontakt zueinander aufzunehmen und miteinander zu spielen. Es wird nie langweilig werden und jeden Tag werden Sie neue, interessante Verhaltensweisen kennen lernen.

Das Beknabbern gehört zum artübergreifenden Spiel.